クルマは50万円以下で買いなさい!

松本英雄
Matsumoto Hideo

もくじ

序章

いま、なぜ「50万円以下のクルマ」なのか

「早い人」はもう気がついている

近頃の自動車業界はどこに行っても、景気の悪い話ばかりです。自動車を専門にし、自動車業界に身を置く者としては、やはり他人事ではありません。

ある日のこと、取材で訪れた中古車屋さんで珍しく景気のいい話題が飛び交いました。

こんなご時世ですから、

「あまり大きな声では言えないんですが」と言っていました。

この中古車屋さんは比較的手頃な価格帯の中古車を扱うお店でした。

「50万円以下のクルマがよく動くんですよ」と語っていたのです。

「よく動く」とは「よく売れる」という意味。中古車のなかでも、50万円以下という際だって安いタマが、飛ぶように売れるそうです。

実はこの手の話は、以前からちょくちょく耳にしていました。

最初に聞いたときは、単に「景気が悪いせいで、高いクルマは売れないのかな」くらいにしか思いませんでした。しかし、さまざまな取材を通して、自動車が置かれている現状を改めて考えてみると、中古車屋さんの話の背景には、「安価」にプラスアルファの要素が潜んでいるような気がしてきたのです。

クルマは「安ければ売れる」という単純なものではありません。「安さ」の先に何かがあるように思えたのです。

どうやら「早い人」はもうそのことに気がついているようです。現に行動を起こして（＝購入して）いる方が多数いらっしゃるのですから。

お得な「税金」の話

まずは、現実的な〝お金〟の話からはじめてみましょう。「50万円以下のクルマ」は税金がかかりません。税金とは自動車取得税のこと。これは非常に大きい利点ですね。

ご存知のように、最近はハイブリッド車をはじめとする「エコカー」の新車購入時には、税率が優遇されるようになっています。

中古車の取得税は、新車時の価格とそのクルマの経過年数によって変動します。税率や計算式は省略しますが、たとえば新車価格が250万円する3年落ちの中古車を購入したとします。すると、約4万円もの取得税がかかります。

新車時の値段が高ければ高いほど、高年式であればあるほどその税率、つまり取得税の金額が跳ね上がります。ところが、計算式（新車時の車両本体価格×主要オプション価格×0・9×経過年数により定められた数値）によって導きだされた「取得価格」が、50万円以下の場合は取得税が発生しません。

理論上では実際の購入金額が50万円以下でも、取得税がかかるケースが発生します。しかしそれはたとえて言うなら、新車時に800万円もしたモデルの6年落ちのクルマが、中古車屋さんで49万円で売っているといったケースです。そんなことは、市場の原理ではまずあり得ませんね。

世に出回っている「50万円以下のクルマ」の「取得価格」は、50万円以下になるはずです。ですから、「50万円以下のクルマは自動車取得税が無税」と言っているのです。こんなお得な話はありません。これは意外と知られていない事実なのです。

トヨタ・プリウスやホンダ・インサイトの売れ行きに、前述した減税措置がアシストしているることは間違いないでしょう。このご時世、数万円の違いを軽く見る人は稀ですよね？

「50万円」という心理的な壁

１９７０年以前に生まれた方々は、ご記憶かもしれません。

「アルト、47万円！」というキャッチフレーズを。

１９７９年にスズキから発売された初代アルトのことです。初代アルトは「商用車」登録という税制上有利な面もありましたが、なんといっても「47万円」という驚愕の価格設定が、ユーザーの心理に強く響きました。

当時は40万円前後の中古車がよく売れていました。そんなときに新車で「47万円」です。しかも「50万円」を切った値付けというのが、当時の日本人の「購入意欲」をたいへん掻き立てるものだったと私は思います。

それはいまの時代でも変わらないでしょう。「50万円」や「１００万円」というキリのいい金額には額面以上の〝チカラ〟があるのだと思います。

79年当時といまとでは物価を含め、日本のモータリゼーションの状況は大きく異なります。しかし、あえていま「アルト47万円」のようなインパクトを探すとすれば、「50万円以下の中古車」だと私は睨んでいます。

現在、日本で「50万円以下の新車」を買うことは不可能です。「50万円以下のクルマ」とは、つまり「50万円以下の中古車」なのです。

クルマの新しい価値の創造

これまでの一般的なクルマの買い方のひとつに、「200万円前後の新車」を数年おきに買い換えるというのがあります。新車の買い換えの理由はさまざまでしょう。「車検」「フルモデルチェンジ」「家族構成の変化」。

新車から4、5年乗っていたものを買い換える。引き続き同じディーラーで、はたまた隣町にできた新しいディーラーで。

おそらくこれは「習慣」と化したひとつの行為ではないかという気がします。どこが「習慣」かというと、「200万円前後の新車」という部分です。

買い換えの理由は十人十色ですが、行き着く先が、常に、絶対に、手頃な価格の新車である必要はないと思います。なぜらなら、ユーザーによってはクルマに求めているものが、「50万円以下の中古車」でも十分に満たされる可能性があるからです。

「新品を買う」という行為は、近年の日本人にとって「買い物」における大きな価値でした。しかし、これからはどんどん違ってくると思います。

「いつかはクラウン」

このフレーズ（行為）をリアルな日常で耳（目）にしなくなってから久しい。中古のカローラを買って、新車のカローラになって、コロナになって、クラウンへという流れは、もはや虚像かもしれません。その像をみなが共有する「共同幻想」のようなものは、見あたらなくなったとも言えます。

少し話が大きくなってきましたが、たとえば「新車200万円」と「中古車50万円」双方が持つ価値を吟味し、そしてオーナーが「いま本当に必要な価値」を照らし合わせる時代に突入したのではないかと感じているのです。

「50万円以下の中古車」の多様な価値

少し視点を変えてみれば、「数百万円の新車」よりも「50万円以下の中古車」を選ぶほうが、楽しいカーライフが送れるかもしれません。

「新車」は買った瞬間から値がガタっと下がり始めます。下がる一方です。「50万円以下の中古車」は、もう下がりようがないともいえます。もっと言うと、買ったとき以上の価値を生み出す可能性もあります。

現在「50万円以下の中古車」というのは、みなさんが想像している以上にバリエーションがあります。さまざまな選択肢があるのです。

あのブランドのクルマが買えますし、あのスポーツカーだって手に入れられます（詳しくは2、3章で述べます）。あまりクルマに興味がない方は、「50万円以下の中古車なんて、ボロボロでしょ」と思われるかもしれません。

ボディが傷だらけで、内装も薄汚れたクルマをイメージするのでしょう。

いまの「50万円以下の中古車」事情では、そんなことはありません。正確にいうと、日本の中古車市場は昔からそうでした。

海外から訪れたクルマ好きの人たちは、口を揃えていいます。

「日本は中古車天国だ！」

海外ではすべてだとはいいませんが、安い中古車はボロが多い。日本には〝ビカモノ〟の安い中古車がゴロゴロしています。

外国の方々が「持って帰れるものなら持って帰りたい」と、こぼしているのを何度となく聞きました。

「安い」には秘密がある

日本の中古車のレベルが高いのは間違いありません。ただ、中古というものはどんなものであれ、当たり外れがあるのはやむを得ません。

けれどもよく考えてみると、新車だったら絶対安心といえるでしょうか。初期不良だってありますし、新車でも故障するときはします。

中古車は新車に比べてトラブルのリスクが高いというのが通念です。私は少し違う考えをもっています。

〈中古車には「実績」がある〉

これは単純な話で、長年乗り継がれてきたという「たしかな証拠」があるということです。私はこの事実をある種の「安心材料」と捉えています。リスクをどこでどうとるかは、考え方次第だと思うのです。

ちなみに、クルマには「快楽」よりも、とにかく新車のような「信頼性」「実用性」を求めるという方にも、ぴたりとあてはまる「50万円以下の中古車」は存在します。のちほど詳細を述べますが、トヨタのとある車種は、おそらく新車とほぼ変わらないような実用性をともなっています。

ではなぜ、そんなに安いのかと疑問に思われるかもしれませんね。

理由は、たとえばそのクルマが「不人気車」だったからです。

クルマ自体の「質」「でき」は非常によかったクルマです。あまりにも人気がないため、査定額が驚くほど低くなってしまったのです。当然、中古車市場でも人気はでません。時を経るごとにどんどん安くなるというわけです。

品質が悪くて値段が安いのではない。

トラブルを抱えているから安いのではない。

こういうクルマをうまく掘り当てれば、「50万円以下の中古車」生活はすこぶる快適なものになること請け合いです。

「エコカー」と比べても遜色ない!?

クルマをとりまく環境はどんどん変化しています。

近年の原油価格の高騰は、ひと昔前のオイルショックを彷彿させるものでした。環境問題が叫ばれ、プリウスを筆頭に「エコカー」が台頭し、メーカーによっては「エコカー」が明らかに主力商品となっています。

さらには、カーシェアリングという概念も現実味を帯びてきました。

「クルマつきの新築マンション」が登場しました。マンションの入居者が共同でクルマを使うというカーシェアリングです。こうなっては「一家に一台」と謳われた時代が、遠い昔話のように聞こえてきます。

カーシェアリングは現代のライフスタイルやエコという風潮のなかでは、適切な選択肢のひとつだとは思います。

しかし、カーシェアリングはいいことだらけではありません。

カーシェアリングに限った話ではありませんが、不特定多数の人が乗るクルマというのは消耗が激しいのです。これはクルマが機械である以上、避けられないことです。クルマの運転の仕方は人によって千差万別です。クルマの扱われ方の度重なる変化、大きな変化というのは、機械には極度のストレスになります。

また、自分の所有物でないものには、人はどうしても扱いが雑になってしまいがちです。特にクルマは個人所有という考え方が深く根づいていて、そこに公共性を持たせるには、まだまだ時間がかかると思います。

そう考えると、きちんとクルマとしての機能を発揮するならば、少し古くはあるけれども、自分が所有するクルマを大切に乗るという方法も、現代のクルマ社会では重要な選択肢のひとつだと思えてきます。

「50万円以下の中古車」に乗ることは、古いものを捨てずに使い続けるという行為です。環境を考えて「エコカー」に乗る行為になんら引けを取ることはないはずです。

これだけ声高に「50万円以下の中古車」を唱えると、なんだか「新車を買うのは控えよう」「高い中古車は買うな」と言っているように聞こえるかもしれませんが、けっしてそんなことはありません。

「新車」にも「高い中古車」にもたしかな価値はあります。

申し上げたいのは、ただひとつ。いまという時代の「クルマ選び」において、大きな柱のひとつが生まれたということです。

最近の自動車産業の低迷が物語っているように、「クルマ」が明らかに新しい時代へ突入しようとしているのは、みなさんも実感されていることと思います。

これ以上「50万円以下の中古車」論を語ってもキリがありませんね。「50万円以下の中古車ってありかも！」と思われた方は、ぜひ、このあとの実践的な「50万円以下の中古車」選びの話をお聞きください。

1章

200万円と50万円は僅差である

「２００万円の新車」と「50万円の中古車」では
１５０万円の差という厳然たる事実があります。
けれども、もし「50万円の中古車」で事足りるなら、
もしくは「２００万円の新車」に匹敵する価値が
そこにあるとしたら、
みなさんは、どうされますか？

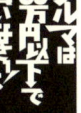

3列目シートの魔力

「２００8年乗用車新車販売台数」をクルマのタイプ別に見ていくと、上位はコンパクトカー、ミニバン系で占められています。この傾向は近年ずっと続いているものです。コンパクトカーには、セカンドカーとしての役割が多分に含まれます。コンパクトカーを脇に置いてランキングを見直すと、ミニバンが根強い人気ですね。価格帯も２００万円前後が売れ筋のようです。

ミニバン人気の大きな要因は、乗車定員が多いことだと思われます。「3列目シート」があるということです。

「50万円以下の中古車」で「3列目シート」のあるクルマを探すのは、至難の業です（バンのような商用車はのぞきます）。

つまり、「5人以上乗れる」ということは、「２００万円の新車」の大きなメリットですね。現在、ユーザーの間ではこの「3列目シート」の存在が、絶大な力をもっているようです。

2008年乗用車販売台数

1～12月			
	通称名	メーカー名	台数
1	フィット	ホンダ	174,910
2	カローラ	トヨタ	144,051
3	ヴィッツ	〃	123,337
4	クラウン	〃	74,904
5	プリウス	〃	73,110
6	セレナ	日産	72,927
7	パッソ	トヨタ	72,767
8	ヴォクシー	〃	70,165
9	ティーダ	日産	65,302
10	デミオ	マツダ	64,990
11	ノート	日産	62,704
12	スイフト	スズキ	58,950
13	エスティマ	トヨタ	58,463
14	ノア	〃	57,477
15	ラクティス	〃	51,694
16	フリード	ホンダ	50,646
17	キューブ	日産	47,295
18	マーチ	〃	46,686
19	アルファード	トヨタ	45,119
20	ステップワゴン	ホンダ	44,441
21	ストリーム	〃	41,399
22	ウィッシュ	トヨタ	39,292
23	ヴェルファイア	〃	38,969
24	マークX	〃	38,748
25	シエンタ	〃	34,809
26	ポルテ	〃	32,961
27	bB	〃	32,413
28	プレミオ	〃	32,044
29	エクストレイル	日産	31,710
30	オデッセイ	ホンダ	28,982

（日本自動車販売協会連合会）

しかし、「3列目シート」は本当に必要ですか？

1年のうち「3列目シート」を何回使用しますか？

クルマを使うときはいつも「3列目シート」まで必要という方は、どれくらいいらっしゃいますか？

極端な言い方をすれば、数回しか使わないもののために200万円を費やしているケースがあります。「3列目シート」を除外すれば、50万円で事足りる可能性がでてくるのではないでしょうか。

「3列目シート」が必要なときはレンタカーにするという方法だってあります。

「200万円と50万円の差額分をレンタカー代で使い切るのは、相当な時間がかかる」というロジックは、あまりにも話を単純化しすぎでしょうか。

もちろん、大家族で「3列目シート」が必須だという方は、聞き流してください。しかし使用頻度の少ない方は、どうかもう一度「3列目シート」に150万円分の価値があるかどうか、考え直してみてください。そこさえ割り切れれば「50万円のクルマ」の世界が一気に広がってきます。

「50万円以下の中古車」にはないもの

今回、前述した人気のミニバン系のカタログを改めて見直してみました。そして、50万円以下で買えるさまざまなタイプの中古車と比較検討してみました。「200万円の新車」にあって、「50万円以下の中古車」にないものを探してみたのです。

まず、安全装備を見てみましょう。

200万円クラスの新車には、エアバッグ、ABSはもちろん、ESC（Electronic Stability Control：横滑り防止装置）、クルマによってはカーテンエアバッグがついています。

一方、「50万円以下の中古車」にもエアバッグやABSは、ほぼついています。年式によってはESCがついていないクルマもありますが、ドイツ車にはほぼ装備されています。

安全装備以外でさまざまな標準装備を見ていくと、「200万円の新車」と「50万円以下の中古車」で大きな違いは、オートエアコンでしょうか。

「50万円以下の中古車」にも当然、エアコンはついています。いくら中古車とはいえ、いまどきエアコンを装備していないほうが珍しいですから。

ただし、「オート」ではなく「マニュアル」のケースがあります。温度の上げ下げ、風量を自分で調節しなければなりません。「オート」は26度に設定すれば、あとはクルマが勝手にやってくれます。しかし私の経験上、「オート」と名のつくものは壊れやすい。「マニュアル」はなかなか壊れません。

便利度でいえば、オートエアコンのほうがマニュアルよりも使い勝手がいいのは間違いありません。しかし、「50万円以下の中古車」についているマニュアルのエアコンは、頑丈なつくりのものが多いという傾向もひとつの事実です。

プリミティブな装備に差はなし

相当古い中古車にはオーディオの装備がないものもありますが、私がおすすめする「50万円以下の中古車」には、ほぼ装備されています。普通にCDが聞けます。ざっと標準装備を見渡してみると、私の感覚では「200万円の新車」と「50万円以下の中古車」

に決定的な違いがあるようには思えません。

ぱっと見で豪華そうに見える装備や、あると便利そうに見えるのは、たいていがオプションの設定です。

オプションの代表格といえば、カーナビゲーションです。純正の最新のカーナビゲーションは、20万、30万円という価格でカタログに表示されています。

ただし、これは値引きの材料として使われることが多く、ディーラーによってはカーナビゲーションをつけてくれたりもします。高価なカーナビゲーションがついているなんて、お得ですね。

「50万円以下の中古車」にはついていないことが多い。やっぱり「２００万円の新車」のほうがいいじゃないかと思われるかもしれませんね。

いま、「ＰＮＤ（Personal Navigation Device」というポータブルタイプのカーナビゲーションがあるのをご存知でしょうか。新品でも３万円程度で購入できます。それなり（人によっては十分）の働きをしてくれます。ＰＮＤであれば取り付けの工賃もかかりません。

どうしてもカーナビゲーションが必要という方にはおすすめです（しかし、カーナビの有無、カーナビの優劣でクルマを選ぶというのは、本末転倒のような気がします）。

カタログをしげしげと眺めてみて、つくづく「クルマは変わってない」と思いました。エアコンの有無、安全装備の有無のような現代のクルマが持つプリミティブな実用性においては、「２００万円の新車」にも「50万円以下の中古車」にもそれほどの差は感じられなかったのです。

「200万円の新車」にはないもの

「50万円以下の中古車」にあって、「２００万円の新車」にはないものがあります（もちろん例外もあります）。

たとえばシートヒーター。

すべての「50万円以下の中古車」にシートヒーターが装備されているということはありません。その可能性があるといったレベルです。

「２００万円の新車」にはその可能性は、まずありません。シートヒーターは別になくても困りませんが、一度使うと病みつきになる快適装備です。

「50万円以下の中古車」にシートヒーターがついていたら、ものすごくお得感が増します。

次に革シート。「200万円の新車」で革シートというのはちょっと難しいですね。

「50万円以下の中古車」のなかにはそういうクルマもあります。革シートに限らず、ウッドやアルミといった素材が本物である場合があります。

シートヒーターしかり、素材しかり、「50万円以下の中古車」のなかには、素性をただせば高級車だったものが存在するからです。稀なケースですが、「50万円以下の中古車」にはそこそこのオーディオシステムが組まれているものもあります。

私が強く思うことは、「200万円の新車」にはなく、「50万円以下の中古車」にあるもののなかでもっとも価値あるものは、「可能性」なのです。

「真の選択肢」は「50万円以下の中古車」にあり

新車は自分で好きな色が選べます。仕様も自分で決められます。オプションの取捨選択も任されています。

新車には多種多様な選択肢が用意されています……はたしてそうでしょうか。

たとえば、ボディカラーです。

「200万円の新車」に本当に自分の好きな色がありますか？　一口に赤といっても、実際にはさまざまな赤があります。

新車のカラーは売れ筋の色、つまり流行色が取り揃えられています。穿った見方かもしれませんが、クルマによっては、選んでいるというより、選ばされているような気になります。

「50万円以下の中古車」は、ときとして程度を優先すれば色を選んでいられないこともあります。

しかし「200万円の新車」にはまずありえない、変なカラーがあります。変というと言葉は悪いのですが、実に個性的なボディカラーがあるのです。

その色に惚れて、そのクルマが欲しいと思えるほど、魅力的なカラーが存在するのです。

こうした動機でクルマを選ぶ行為は、とても〝強い選択〟だと思います。

外国車の故障は怖くない

「外国車は壊れません?」
「外国車は修理費が高いでしょ?」
と、聞かれることがよくあります。ましてや「50万円以下の中古車」ともなれば、その疑念はさらに色濃くなるかもしれません。

たとえば国産ミニバン系の200万円の新車は、まず故障しません。数年乗っていても、オイル、バッテリー、ブレーキパッドといった消耗品の交換くらいしかランニングコストがかかりません。

外国車の場合は、信頼性の高いドイツ車ですら、トラブルがないとは言い切れません。よく言われることですが、それほど日本の道路状況、特に首都圏はクルマにとってストレスフルな環境です。

特に外国車の「50万円以下の中古車」と国産の「200万円の新車」を、故障という土俵で戦わせたら勝負になりません(ただし、いい勝負をする「50万円以下の中古車」がありますので、詳しくは2、3章をご覧ください)。

外国車のパーツ代は、日本国内での販売台数の多い車種に関しては、国産車とほとんど変わりません。

大きく違うのは工賃。結局、トータルでは高いことに変わりはありませんね。

しかし、これには解決策があります。

昔ながらの良心的な整備工場を使えばいいのです。外国車を新車で購入した場合、整備や修理等は購入したディーラーで行うのが普通です。私もそうします。「50万円以下の中古車」のケースでは異なります。

近所の整備工場に持っていきましょう。

外国車専門でなくて構いません。むしろ専門でないほうがよかったりします。

「整備工場なんてどこにあるんですか?」

という質問が出そうですね。もしくは、

「いい整備工場かどうか、どうやって見分けるのですか?」

これもよく尋ねられます。

まず、タウンページをみてください。みなさんが住んでいる街にも驚くほど整備工場があることがわかります。

「軽自動車を修理しているようなところで外国車も直してもらえるんですか?」

だいじょうぶです。かえってそのほうが安いともいえます。そういう整備工場ではパーツ代は別として、工賃は国産車も外国車も往々にして変わらなかったりするのです。

街の整備工場や修理工場が、ディーラーと同じ値段で修理をしていたら勝負になりません。ディーラーよりも安い価格で商いをしているのです。

とはいえ、整備工場もピンキリです。中古車と同じで当たり外れもあるでしょう。それを見極めるのは、一朝一夕にはいきません。

ただ、手だてはあります。その整備工場が自分と同じメーカー(国)のクルマを扱っていれば、だいじょうぶです。

街を散歩したり、クルマで走っていたりするときに、近所の整備工場を気にしてみてください。いつもはトヨタやダイハツのクルマが工場に入っているのに、たまに一台だけドイツ車が入っている。そんな整備工場はおそらく安心して任せられます。

元が高級外車だった「50万円以下の中古車」にも、これはかなり有効な手段です。ぜひお試しください。

もちろん、ディーラーでみてもらっても一向に構いません。

ディーラーでは、コンピュータを使ってトラブルの箇所、不具合の起きそうな箇所を検査します。これはディーラーならではですね。

そしてリコールを含め、トラブルの情報をたくさんもっていて、パーツもものによってはストックがあります。

ディーラーと整備工場をうまく併用できれば、これが最強です。

「50万円」の価値

「200万円の新車」にはその値段分のたしかな価値があることは、みなさんもよくご存知だと思います。いいクルマはたくさんあります。

ここでお伝えしたかったのは、「200万円の新車」には価値がないということではありません。いままであまり顧みられなかった、もしくは敬遠されていた「50万円以下の中古車」にも多種多様な価値があり、それをうまくユーザーのみなさんに生かしてほしいということなのです。

「50万円以下の中古車」は、ちゃんと走ってくれるのですから。

2章

いまがチャンスの「50万円以下のクルマ」ベスト3

「いまこそチャンス」

「いまだからおもしろい」

「いまだからお買い得」

そんな特選中古車を集めてみました。

「50万円以下のクルマ」でも驚くほど
カーライフを豊かにしてくれるモデルをセレクトしました。

「高級車」×「不人気」は最強

ここでおすすめする「50万円以下の中古車」は、私の独断と偏見で集めたものです。経験から割り出したセレクト基準のようなものはありますが、恣意的に選んだものです（3、4章も同様です）。

とはいえ、やはりいくつか「セレクトの法則」があるのでご紹介します。

「50万円以下の中古車」でお買い得感の高いクルマは、不人気車とよばれるものです。発売当時、人気がなくて売れなかったクルマは、自ずと下取り、買い取り価格が暴落します。中古車市場でもその不人気ぶりは続きます。

人気の高さとクルマそのもの質の高さとは、イコールではありません。ここがポイントで、いいクルマなのに売れなかったというケースが多々あります。

当時の人々には受け入れられなかったスタイリングも、5年、10年とたてば「悪くないかも」と思えるようなクルマがあるのです。「人気」というのもひとつの価値ではありますが、「50万円以下の中古車」の世界では不人気というのも大きな価値のひとつです。

「高級車」×「不人気」という組み合わせは、最強です。高級車で破格の値段がついているものは、得してトラブルを抱えています。買ったあとで多額の修理費用がかかる危険性をはらんでいます。だから安い。

しかしそこに「不人気」という要素が加わると、「壊れにくいのに安い」という現象が生まれてくるのです。小さなことだと、ボディカラーにもいえます。色が違うだけで、ときとして5万円や10万円の違いが生まれることもあるようです。故障やトラブルなどが原因で不人気だったクルマは、基本的にＮＧです。

「すきのないクルマ」は避ける

単一車種で10年、20年と作り続けているクルマもおすすめです。こちらは、前述した「不人気車のすすめ」とはある意味、相反する考え方です。

3代目、4代目とモデルチェンジして、作り続けられる車種というのは、そのメーカーの主力商品です。メーカーの力の入れ具合が違いますので、大雑把にいうと壊れにくい車種です。販売数も多いので、トラブルの対策も万全ですし、パーツも豊富で、手に入りやすく、値段も安い。

これと似たようなことで、フルモデルチェンジのサイクルが長い車種もおすすめです。フルモデルチェンジはしなくとも、マイナーチェンジはたびたび行われているからです。改良ですね。改良が繰り返されるということは、その車種がどんどん成熟することを意味します。トラブルをはじめネガティブな要素はどんどん排除されます。こうした利点は、「50万円以下の中古車」に安心感を与えてくれるのではないでしょうか。

最後に、非常に抽象的な物言いで恐縮ですが、「すきのないクルマ」は選ぶなということです。「すきのないクルマ」とは、たとえば「バンパーをちょっとこすっちゃった」といったときに、もうそれだけそのクルマがイヤになる、愛着が半減するようなクルマです。

これだけではいまひとつわかりにくいですね。もう少し解説しましょう。今度は反対に「すきのあるクルマ」について。

「すきのあるクルマ」は多少古くなっても、場合によっては多少のトラブルが発生しても、古さが味となり、トラブルによりかえって愛着が増すクルマです。

なかなかうまく言えませんが、最近の流行の言葉で言えば、「アンチエイジング」風情の「50万円以下の中古車」はだめです。年相応にエイジングされた「いい味」が出ている車種を選ぶと、肩の力をぬいて、気楽に、長くつきあえます。「アンチエイジング」なクルマは維持するのにお金がかかります。

さて、そろそろ具体的に「50万円以下の中古車」、なかでも特選車（ベスト3）を紹介していきましょう（誠に勝手ながら、また独断と偏見で順位をつけました）。

50万円以下のマイバッハ!?（特選車／3位）

2000年に登場したトヨタのプロナードというクルマがあります。これを第3位とします。プロナードは、アバロンという北米向けのアッパーミドルセダンがモデルチェンジ（2代目）した際に、日本市場向けに「プロナード」という名がつけられ、販売されたクルマです。

当時、トヨタ車のラインナップのなかでは「FF最高級セダン」という位置でした。車

●トヨタ／プロナード

体はクラウンよりも大きく、搭載されるエンジンはV6の3リッター。アメリカのトヨタ工場で生産されていましたが、ちゃんと〝トヨタクオリティ〟を有したクルマです。

残念ながらこのクルマはあまり売れませんでした。超不人気車だったといっていいかもしれません。その理由はいくつか考えられますが、たとえばデザインです。実際に大きいクルマなのですが、ボディが全体的にパンッと張り出しているような感じで、不自然に大きく見えました。

乗り味も少しアメリカンテイストで、大味と感じる人もいたでしょう。さらには、ミニバン人気によりセダンが売れなくなった時期ともかぶっています。

当時、私はこのクルマのインプレッションを書いたので、プロナードのことはよく覚えているのですが、個人的にはよくできたクルマだと感じました。

登場した頃は不人気だったデザインですが、いま改めて見直してみると「押し出し」が効いていて、魅力的に感じます。その威風堂々とした顔つきはちょっと見ものです。仕事仲間では冗談半分で「フロントはマイバッハみたいだ」なんて言うこともあります（マイバッハとはダイムラー・ベンツ社の超高級車で価格は約4千万円〜）。

プロナードはある意味、とても上質なクルマであり、上品に乗ることができます。皇室でも使われていたクルマですから。

アメリカではエグゼクティブが乗るクルマでした。実際に運転してみても、乗り心地のよいクルマです。インテリアは簡素で落ち着いた雰囲気です。

プロナードは実用面でも優れています。ミニバンのように使うこともできるのです。

このクルマにはコラムシフトのモデルが存在しました。ミニバンのような7人乗車は無理ですが、前列3人、後列3人で6人乗ることが可能です。コラムシフト（6人乗り）ではないモデルでも、室内がたいへん広い作りですから、大人4人がゆったりと乗れます。ちなみに、DVDのカーナビゲーションが全グレードに標準装備されていました。

さきほどは不人気車と言いましたが、そうはいっても天下のトヨタ車です。トヨタのディーラーは優秀です。そこそこの数は捌きます。中古市場でのタマ数は多いとは言えないけれど、稀少車とまでは言えません。

2004年まで販売されて、日本市場では総販売数は7千台強です。

上質なドライブフィール、高い実用性、トラブルが少ないという安心感。こんな三拍子揃ったクルマが50万円以下で買えるのです。

クルマ好きの心をくすぐる名車も50万円で（特選車／2位）

第2位はシトロエンのC5です。日本では2001年に発売が開始され、2007年まで販売されていたクルマです。2008年にはフルモデルチェンジした2代目のC5が登場しています。

●シトロエン／C5

ここで紹介するのは初代のC5、しかも2004年のマイナーチェンジ（フェイスリフト等）を受ける前のモデルです。

シトロエンの中古車というと、クルマ好きはもちろん、クルマに詳しくない方でも「だいじょうぶ？」と思われているようです。

シトロエンをして国産車並みに壊れないとは、さすがに言えません。

シトロエンのことをちょっとご存知の方なら、お家芸である「ハイドロニューマチックサスペンション」の話を持ち出されることでしょう。

「ハイドロニューマチックサスペンション」とは簡単にいうと、油圧でサスペンションをコントロールするシステムのこと。

昔はこのシステムがとかく壊れると言われたものです。C5には「ハイドロニューマチックサスペンション」の進化型である「ハイドラクティブサスペンションⅢ」が採用されています。

この〝ハイドラクティブ〟を昔の〝ハイドロ〟のようにトラブルをおこしやすいと思われている方がけっこういますが、〝ハイドラクティブ〟は大丈夫です。

新車時、メーカーは「5年または20万キロまで特別なメンテナンスは不要」と謳っていました。実際に「2年、5万キロ」という保証をつけていました。

不安要素があるから保証をつけているのではありません。保証できるほど、そのシステムの信頼性があがったことを示しているのです。実際、私の知る限りでは大きなトラブルがあったという話は聞いていません。

C5に搭載されるエンジンは直4の2・0リッターと、V6の3・0リッターの2種類。新車時の価格は2・0リッターのモデルのほうが300万円台で、3・0リッターは400万円を超えます。

さすがに後者のモデルの中古車を50万円以下で探すのは不可能ですが、2・0リッターのモデルならばあります。

シトロエンというブランドのクルマに乗る楽しみを挙げるとキリがありませんが、50万円以下であの「異次元の乗り心地」を体感できるなら、本当にいい買い物だと思います。

ちなみに、これも私のある種の偏見（？）ですが、シトロエンに乗ろうという人はやはり、かなりのクルマ好きです。

クルマ好きはクルマを大事にします。よく面倒をみます。要するにそこそこの距離を走っていても、年式が多少古くても、きちんと整備されてきた程度のいい中古車が多いように感じるのです。

50万円であのイタ車だって手に入る（特選車／2位？）

実はシトロエンのC5と同じくらいおすすめのクルマがあります。

いろいろと調べていくうちに、どうしてもランクインさせたいクルマが現れたのです。

●アルファ・ロメオ／156

そんなわけで、隠れ2位!?とも言うべきクルマをご紹介。

それはアルファ・ロメオの１５６です。アルファ・ロメオの１５６は１９９８年に登場したセダンです。のちにスポーツワゴンやＧＴＡといったバリエーションも登場しました。ここでは普通のセダンに限ります。

１５６は２００５年まで製造されていました。日本では発売された98年にグッドデザイン賞を受賞。デザイン性の高さは日本に限らず世界中で賞賛されました。

「デザイン」なんていう言葉は使わずとも、街中を走る１５６を見ると、多くの人が「かっこいい」と思ったものです。

登場してから10年が経ちました。そのスタイリングはいまだに古さを感じさせないのですから、さすがアルファ・ロメオですね。

156は見た目だけでなく、実用的なクルマでもあります。サイズは日本の道路事情にぴったりです。コンパクトなセダンなのです。新車は、なかでも外国車は、どんどん外寸が大きくなっています。

こうした事情からすると、156はとても〝いいサイズ感〟です（全長4435ミリ、全幅1755ミリ、全高1415ミリ）。

大人が4人乗れて、トランクスペースもあって、機械式の駐車場でもなんなく入れられるサイズ。セダンとはいいながらも、そこはアルファ・ロメオだけあって、スポーツカーの香りがする。

こんな〝贅沢〟が50万円で手に入るのです。

発売当初、搭載されていたエンジンは直4の2・0リッターと、V6の2・5リッターの2種です。トランスミッションは、2リッターには5速MT、2・5リッターには6速MT、ATはともにセレスピードというセミオートマティック（クラッチ操作を機械が行う）が用意されています。

また2・5リッターには後にQシステム（マニュアル操作でシフトできる4AT）というトランスミッションもラインナップに加わっています。

基本的に2・5リッターのモデルを50万円以下で探すのは至難の業ですが、Qシステムを搭載したモデルであれば、ときどき50万円以下で見つかります。Qシステムは日本のアイシン製なので、信頼性も高いと言えます。

私はQシステムのモデルが狙い目だと思っています。

もちろん、4気筒（2リッター）のモデルも捨てがたい魅力をもっています。気持ちのいい素晴らしいエンジンですし、マニアの方たちはこのエンジンを積んだアルファ・ロメオまでを「本当のアルファだ」なんて言ったりします（もっとマニアな人はさらに時代を遡ったモデルを指して言いますが……）。

さきほどのシトロエンもそうでしたが、アルファ・ロメオもいわゆる「ラテン車」という部類に入ります。片やフランス車、片やイタリア車ですから。

ぼんやりとこういったクルマは〝壊れる〟というイメージを持っている方が多いでしょ

う。現実問題として、日本車と比べられたらたしかに壊れやすい。

しかし、ラテン車には乗った人にしかわからない美点がたくさんあります。一度、乗ってしまうと病みつきになる人が多いのもそのためです。

これまでの人生で、ラテン車に乗ったことがない方は、50万円で新しい扉を開けてみるというのもひとつの手ではないでしょうか。かつてない豊穣なカーライフを送れることは、私が請け合います。

今後十年は1位をキープ!（特選車／1位）

一位は迷うことなくフォルクスワーゲンのゴルフです。

初代ゴルフは1974年に登場しました。スタイリングはジウジアーロ、4気筒のエンジンを横置きに搭載したFF車で、コンパクトでありながら機能的なボディデザインを有し、世界中で大ヒットしました。

その後、ゴルフⅡ、Ⅲ、Ⅳ、Ⅴと進化していき、現行はⅥ（6代目）となりました。

●フォルクスワーゲン／ゴルフⅣ

2007年には累計生産台数が2500万台を超え、車種別の総生産台数としては世界でもトップクラスです。

今回、ここでおすすめしているのは、4代目にあたるゴルフⅣです。

中古車市場ではゴルフⅢは50万円以下のクルマがゴロゴロしていますが、さすがに古さを感じさせます。ちょっと古いどころではなく、かなり古くさく見えます。5代目のモデルはまだ50万円以下では難しいようです。

価格と古さのバランスが、ちょうどいい頃合いなのがゴルフⅣなのです。

「古さ」といっても、ⅢとⅣでは年式以上の大きな隔たりがあります。Ⅲは1991～

1997年まで、Ⅳは1997〜2003年まで生産されました。ⅢからⅣへの移行では、大きな改良点がいくつもありました。なかでも全幅が1700ミリを超えたことが大きなポイントでした。このサイズゆえ、ゴルフは日本では3ナンバーとして登録されることになったのです。

Ⅳ以降のゴルフは、それまでの〝大衆的〟なポジションから〝プレミアム〟な方向へと進んでいます。こうしたゴルフの歴史的な文脈をたどると、同じ「古さ」でもⅢとⅣでは意味合いが違ってくるのです。

さきほどから「古い」を連呼していますが、個人的にはゴルフⅣには古さを感じません。現行モデルのつくりは、Ⅳが持つスタイリングや機能の延長上にあるからです。

ゴルフⅣに搭載されているエンジンの種類は大きく分けて4つ。1・6、1・8、2・0、3・2リッターで、このうち3・2リッターのモデルは50万円以下では難しいようです。ざっと説明すると、1・6リッターのエンジンでも必要十分な〝走り〟を与えてくれますが、〝走り〟にこだわる人はターボのついた1・8リッターがいいでしょう。ただし、燃費は悪くなるのであしからず。

ボディタイプには3ドア、5ドアがあり、価格は5ドアのほうがやはり高めです。カラーバリエーションも豊富なので、好みの色を選ぶこともそう難しくないですし、当時ならではのボディカラーもあったりして、いま見るとこれがとてもいいカラーなんです。

ゴルフⅣの中古車価格が50万円というのは、本当に破格だと思います。

一度、運転席に乗り込んでみるとすぐに体感できます。まずそれはドアの開け閉めの時点ではじまります。ドアを開けるときの重厚感、閉めるときの密閉感。フォルクスワーゲンのクルマづくりが、いかに堅実なものであるかを感じとれます。

運転席に座るとシートのつくりのよさが伝わってきます。おそらく50万円以下で買えるⅣのモデルでも、シートはそれほどへたっていないと思います。きっとインテリア全般に同じことがいえるのではないでしょうか。

機械類もまだまだ活躍してくれます。ゴルフは10年、10万キロなんて目じゃありませんから。

万が一、故障やトラブルがあっても、パーツ代は国産とほとんど変わらない値段ですし、在庫も豊富にあります。

ゴルフに限った話ではなく、50万円以下のフォルクスワーゲン車はお買い得なものが多いように感じます。

ゴルフは日本での人気も高く、中古の外国車のなかではとりわけタマ数が豊富です。程度も個体差が激しいとはいえますが、たとえば「距離は10万キロ走っているけど、北海道で乗られていたワンオーナー車」といった出モノがあったら、迷わず〝買い〟です。

3章

用途で選ぶ「50万円以下のクルマ」ガイド

【実用編】

「実用」「ファッション」「スポーツ」と、
50万円以下のおすすめ中古車を
3つのカテゴリーに分けて紹介します。
クルマの用途はユーザーによってさまざまです。
ご自身の目的にかなった車種をじっくりとご検討ください。
まずは実用編からです。

ただ「安い」だけでは満足できない

今回、単に「安いだけ」という車種は外しました。私の目からみて、「安い」に加えてなんらかの魅力的な要素を併せ持つクルマを探しました。

そして、前述したように数ある「50万円以下の中古車」を「実用」「スポーツ」「ファッション」という3つの項目で分けました。

故障やトラブルが少なく安心して乗っていられる。普段の足として過不足のない性能をもち、それでいて言葉は悪いのですが、貧乏くさくない「実用車」。

ドライブを積極的に楽しみたい。クルマが趣味、もしくはクルマ好きとよばれる方たちが乗って楽しい「スポーツテイストのクルマ」。

ブランドやデザインにこだわりたい。「50万円以下の中古車」なのに、とてもそんな価格には見えない高級感をともなう「ファッショナブルなクルマ」。

中古車は個体差が激しいので、一概には言えませんが、以下の3つを念頭においてセレクトしています。

「ちょっと古い」けれど、「古くさい」ではない。

「使い込まれている」けれど、「くたびれている」ではない。

「新車時も楽しい」けれど、「中古車になるとまた別の楽しみがある」。

たくさん紹介したいクルマがあるのですが、紙幅の関係上そうもいきません。

「あのクルマが載ってないぞ！」「あのクルマもいいぞ！」といったご批判もあるでしょう。

ご指摘の通りだと思います。私にはなんの反論もありません。

なぜなら、それだけ「50万円以下の中古車」がバラエティに富むからです。前章に引き続き、ここでのセレクトは私の独断と偏見によるものです。

ただし、ひとついえることは長年「中古車ウォッチ」をしている身ですから、おすすめの「50万円以下の中古車」のリストは即座に作成できました。しかも、インターネットや中古車雑誌を見るまでもなく、頭に思い描くことができます。

当然、本書を書くにあたって調べましたが、私の相場観と実際の相場には、ほとんど狂いはありませんでした。

相場を調べることはとても楽しい作業でした。「そろそろあのクルマが手頃な値段になっているのでは？」と思って調べたところ、予想通りの相場になっていたりするからです。

できるだけ多くの車種を掲載したいので、駆け足での紹介になります。ご興味をもたれた方はぜひご近所の中古車屋さんに足を運んで、実際にその目でご覧になってください。

近年ではネットオークションという便利なものもあります。オークションも掘り出しものがたくさんあるので、そちらもぜひ参考になさってください。

いまが買い時の「実用車」御三家

トヨタのプリウス、ホンダのインサイト、シビックハイブリッドを、私は「50万円以下の中古車」における「実用車」御三家だと思います。

シビックハイブリッドをのぞけば、それはまるで日本における新車の売れ筋と同じです。世界的にみても、多くのユーザーの目がハイブリッド車に向いていています。たしかに、現行のハイブリッド車はよくできていて、技術的にも進歩しています。しかし、古いハイブリッド車でも十分にユーザーのお眼鏡にはかなうはずです。「燃費」しかり、「エコ」しかり。

●トヨタ／プリウス

●ホンダ／インサイト

●ホンダ／シビックハイブリッド

一台のクルマを乗り続けるほうが、環境にはやさしいと唱える人もいます。この説に一理あると仮定したら、エコカーを乗り続けることに勝る「エコ」はないともいえます。

現行モデルのハイブリッド車の燃費のよさは特筆ものです。古いタイプのハイブリッド車では足下にも及びませんが、それでも他の普通車（新車）と比較すれば、ここに紹介するハイブリッド車の燃費も優秀です。

機能的にも古い部分はありますが、ことスタイリングに関しては古いハイブリッド車のほうが先進的です。いま見てもそのデザインは斬新で新しさを感じます。

逆に現行モデルのほうがおとなしくなった

ような気がします。

ここで紹介しているのは、３車とも初代のモデルです。プリウスは１９９７〜２００３年、インサイトは１９９９〜２００６年、シビックハイブリッドは２００１〜２００５年まで生産されました。

それぞれハイブリッドのシステムは異なりますが、長くなるので省略します。燃費に関するメーカー公表値（10・15モード）はプリウスが28・０㎞／ℓ、インサイトが32・０㎞／ℓ（ＣＶＴ）、シビックハイブリッドが29・５㎞／ℓ（ＣＶＴ）。これはカタログ上のスペックなので、あくまでも参考です。

３台とも新車時に試乗したり、テストしたりしましたが、個人的な印象ではインサイトの燃費が図抜けていたと記憶しています。

とりわけＭＴモデルは驚くほど燃費がよかったと記憶しています。実測ではおそらく今でも20㎞／ℓは走ってくれるのではないでしょうか。

インサイトはそのデザインもさることながら、ＭＴ車はちょっとしたスポーツカー感覚で楽しむこともできます。このクルマは2名乗車ということもあり、「ファッション」や「スポーツ」のカテゴリーのほうに入れようかどうしようか、正直悩みました。

プリウスは発売当初さまざまなトラブルがありましたが、そこはトヨタ車です。きちんと改善策がとられてきました。現在、市場に出回っているモデルのほとんどが、改善策が施された車両のはずです。安心して乗ってください。

シビックハイブリッドは2001年の登場ですから、まだ新しいとすら言えるクルマです。ではなぜ安いのかというと、超がつくほどの不人気車だったからです。先の2台と比べるとデザインも地味です。

しかし、今見るとその「地味さ」は渋く感じるものです。乗り心地のたいへんよいクルマで、日常の足としては申し分ありません。

近所のお買い物にベスト

先ほど述べた3台が「実用車」の本命なら、これから紹介する3台は言わば「穴」です。

その3台とは、スマート、スズキのツイン、メルセデス・ベンツのCクラス。

まずは、スマートから。スマートは、全長2・5メートルのボディに600ccのエンジンを搭載した2人乗りの超コンパクトカーです。「なぜ、これが実用？」と思われるかもしれませんが、それは「燃費のよさ」を考えて選んだのです。

当時、10・15モード燃費の数字は19・8km／ℓでした。ハイブリッド車が主流となりつつある現在では、そう驚くほどの数字ではありませんが、普通のコンパクトカーに比べるとずいぶんと燃費のいいクルマだと思います。難点をひとつ挙げると、オートマがちょっと特殊なシステムなので、慣れるまでに時間がかかります。

スマートほど極端に小さいクルマは実際に使ってみると、人や荷物がたくさん載せられるクルマとは別の実用性があることがわかります。大げさに言うと、自転車やスクーターに近い、お手軽な「実用性」を伴うのです。

乗車定員さえ問題なければ、首都圏では大いに活躍してくれる実用車になりうると思います。

スズキのツインもスマートに負けず劣らず小さなクルマです。

全長はスマートよりも235ミリ長い2735ミリ、全幅は1475ミリ、全高は

●スマート

●スズキ／ツイン

1450ミリです。2003年に発売が開始され、2005年には生産が終了しました。短命に終わったクルマですね。ラインナップにはハイブリッドシステムを搭載したモデルもありましたが、ここで紹介しているのはガソリン車のモデルです。

クルマ好きの方はもうお気づきかもしれませんね。ツインの最廉価モデルは新車時から税別49万円という価格設定でした。中古車市場で50万円を切るのも当たり前の話です。ただし、ツインはその値段の割にはチープさの希薄なクルマでした。好みの別れるデザインではありますが、機能やインテリアはいい意味で簡素と表現するのが適切だと思われます。

ツインはスマートと同じく2人乗りです。そして同様に燃費のいいクルマです。10・15モード燃費の数字はMTモデルで26km／ℓ。

スマートとの違いは、高年式のモデルが50万円以下で手に入りやすいということです。国産車であるがゆえの安心感、程度のいい高年式といったことを考えてみると、たとえば近所のお買い物クルマとしては、相当なレベルで〝使える〟クルマだと思います。

そして、今やメルセデス・ベンツのCクラスも、初代のモデルであれば「50万円以下」

●メルセデス・ベンツ／Cクラス

の射程に入ってきます。

数年前はこのポジションに190（小ベンツといわれていたクルマ）がいましたが、トラブルの危険性が少ないタマがなくなってきました。

初代Cクラスは1993年に登場し、2000年にフルモデルチェンジとなりました。Cクラスにはさまざまなグレードがありますが、50万円以下の値付けがなされているのは、「C200」が多数を占めます。

年式はやはり90年代のものになります。10年落ちどころの話ではありませんが、そこはさすがドイツ車であり、メルセデスです。

まだまだ実用車としての価値は残存してい

ます。

メルセデス・ベンツでいえば、初代Aクラスもおすすめです。ただし、初代といっても後期型（2001年〜）です。初期型はATに難ありです。

また、日産のプリメーラ（3代目）もおすすめです。プリメーラは2008年まで生産されていました。古さを感じさせないスタイリング、欧州車的な乗り味があり、いまはとてもお買い得なクルマです。

4章

用途で選ぶ「50万円以下のクルマ」ガイド

[ファッション／スポーツ編]

自分の趣味に合うスタイリング、
ライフスタイルと調和のとれたインテリア、
ブランドへの憧憬や愛着などクルマもファッションのひとつです。
また、ひたすら〝走り〟にこだわるというのも
クルマの楽しみ方のひとつです。
「ファッション」「スポーツ」というカテゴリーに分けて
「50万円以下の中古車」を紹介します。

北欧ブランドの価値は健在

サーブにはメルセデスやＢＭＷとはまた違ったブランド力があるようです。ひと昔まえのサーブ人気をご記憶の方も多いでしょう。

以前ほどの熱狂ぶりはないにせよ、日本ではやはりその北欧テイストは根強い人気があります。

サーブの新車時の価格は明らかに高級車の部類に入ります。一番安いモデルでも３００万円台後半～という値段です。

ところが中古車になると、とたんに値が下がってきます。高年式のものはさすがにいい値段ですが、「10年落ち」もしくは「10年落ち間近」のあたりになると、ガクッと値が下がります。

いま、サーブで狙い目は９-５というモデルです。

９-５は１９８０年代後半から90年代にかけて人気の高かった９０００というモデルの後継にあたり、サーブのフラッグシップカーです。ですから、多少古くても９-５はいま

●サーブ／9-5

でもきちんと「高級車然」とした佇まいがあります。

日本では1998年から導入されています。幾度かのマイナーチェンジを繰り返しつつ、なんと2009年の現在においてもフルモデルチェンジされることなく、作り続けられています。

直4ターボの2・3リッターのモデルと、V6の3・0リッターのモデルがありますが、手頃な値段で手に入れやすいのは、やはり排気量の小さいモデルのほうです。クルマのタイプもセダン、エステートがあり、セダンのほうが安いようです。

ちなみにサーブには9－3というひとつ下

のクラスのモデルがあります。こちらにはカブリオレがあって、いまとても安い値段で取引されています。ファッション性の高いクルマですが、電動の幌が壊れると高くつきます。そのあたりをきちんと見極められれば、たいへんおもしろいクルマです。

50万円以下のラグジュアリー

ラグジュアリー感というのは、なにも大型車にだけ存在するのではありません。たとえば、小型車とよばれるタイプのクルマにも「高級感」のあるモデルはあります。

イタリアのランチアがつくるイプシロンというコンパクトカーも、ひとつの好例でしょう。ここで紹介するのは、初代イプシロンです。

1994年にデビューし、2002年に2代目が登場しています。イプシロンの最大のウリはそのデザイン性の高さです。スタイリングは自動車業界では名高いデザイナー、エンリコ・フミアが手がけました。コンパクトなサイズでありながらも「名門ランチア」らしいエッセンスを取り入れた、優雅なボディデザインに仕上がっています。

●ランチア／イプシロン

本国では標準のカラーこそ12色でしたが、オプションではなんと100色用意されていました。さらに、インテリアではアルカンタラ（人工スウェード）や本革など、さまざまな組み合わせを選ぶことができました。当時、オシャレ好きのイタリア人の間で大ヒットしたコンパクトカーだったのです。

日本の中古車市場に出回っているものは、かなり年数がたったものです。しかし、2代目が出たいまとなっても、古さを感じさせないデザインであり、特にインテリアはいまなおモダンです。

実は、私も一時このクルマを所有していたことがあります。電気系統の多少のトラブルはありましたが、都内での足として十分な活躍をしてくれました。

しかも当時、下取りに出したら、購入したときと同じ値段だったので驚きました。ときとして、個性的なクルマというのは値下がりしないのですね。

アウトドア志向の人にはこれ

最近はまたプチ「アウトドアブーム」到来のようです。ちょうど20年前の頃にもアウトドアブームがはじまり、自動車の世界では1980年代後半から90年代前半にかけてSUVが大人気となりました。

ライフスタイルが野外へと向かうと、自ずと選ぶクルマもそれに見合ったものになるようですね。

そこで、ランドローバーのディスカバリーと、ジープ・ラングラーというふたつのクルマを紹介したいと思います。

まずはディスカバリーから。50万円以下で買えるのは初代のモデルです。1989年に

●ランドローバー／ディスカバリー

デビューしました。日本には91年から導入され、99年にフルモデルチェンジ。

簡単にいうと、オフロードのロールス・ロイスという異名をとるレンジローバーの弟分、つまり廉価版という意味合いを持つクルマです。ただし、悪路の走破性能はレンジローバーをも凌ぐほどでした。

エンジンはＶ８（ガソリン）の３・５リッター（マイナーチェンジ後は３・９リッター）と、直４ターボ（ディーゼル）の２・５リッターがあります。

発売当時はたしかに「クロカン四駆」人気でしたが、このディスカバリーはあまりその恩恵をうけたとは言えませんでした。要は不人気車の部類ですね。

ただし、日本ではホンダのディーラーであるベルノ店でもクロスロードという名前で売られていたので、そこそこの台数は売れたようです。

実は2代目（1999～2005年）のモデルも、古い年式のものであれば、「50万円以下の中古車」の範疇に入ってきそうなのですが、まだ時期尚早といった感じです。

オフロード車にしては、カラフルなボディ色がありますし、時を経たことで初代レンジローバーがそうであるように、その姿、形が風格を帯びてきたように見えます。

次にジープ・ラングラーですが、これも50万円以下で買えるのは初代のモデルです。1987年に登場し、96年まで生産されました。

2代目は96～06年で、古い年式のものであれば買うこともできますが、ボディカラーや装備など自分の好みに合ったものをチョイスしたいなら、やはり圧倒的に初代のほうが豊富です。

「装備」とはいいましたが、このクルマは現代的な装備は必要最低限のものしかついていません。なぜなら本気のオフローダーだからです。実にシンプルな装備&機能です。これ

●ジープ／ラングラー

●ローバー／ミニ

は壊れる箇所が少ないということも意味します。

直4の2・5リッターのモデルと直6の4・2リッターのモデル(後に4リッターに変更)があります。94年には2・5リッターのモデルには、3ATが組み合わされるモデルも登場しました。

快適とは言い難いクルマではありますが、ファッション性という観点ではこれくらい突き抜けたクルマもありだと思います。

最後にもう1車種だけご紹介して「ファッション」編を終わりにします。世界中の誰もが知っているコンパクトカー、ローバー・ミニです。

ミニはさまざまな変更点はあるにせよ、1959年の登場から2000年まで、約40年間も作られてきたクルマです。ミニのように製造期間の長いクルマはほかにもあります。フォルクスワーゲン・ビートルがそうです。しかし、ミニのように近年まで日本に正規で輸入されていたクルマは希有です。

長く作られていただけあって、中古車市場にはたくさん出回っています。選択肢が多いのはいいことなのですが、それだけ選ぶのが難しいともいえます。特に低価格のものは個体差が激しいので、少し上級者向きともいえます。

しかし、クルマを単なる移動手段の道具と捉えず、クルマが楽しみの対象のひとつであるならば、おすすめのクルマです。

きっと10年後もいまと変わらず楽しめるクルマであり、そのオリジナリティ、ファッション性は不滅だと思われます。

いま、イチオシのスポーツカー

さて、ここからは「スポーツカー」編です。

実は2章（特選車）に入れたかったおすすめのクルマが、この「スポーツカー」のカテゴリーに1台あるのです。トヨタのMR－Sというクルマです。

このクルマは１９９９年に登場し、つい最近、２００7年の7月まで作られていました。

生産中止になったのはさまざまな理由がありますが、スポーツカー系のクルマの生産を縮小するという当時のトヨタの方針と、レギュレーションの変更にともなう対応を行わない

●トヨタ／MR-2

ことが大きな要因でした。

最近はトヨタがまたスポーツカーをつくると発表し話題となりましたが、大げさな言い方をすれば、現状では「トヨタ最後のスポーツカー」なのです。

発売当初は、一部ではスタイリングが「なんちゃってボクスターみたい」と不評を買うこともあったようですが、乗るとたいへん楽しいクルマで、人気車となりました。

私もインプレッションを書くために何度となく試乗しました。いい意味で「トヨタらしからぬ」スポーツカーに仕上がったなと感じたものです。

腕に覚えのある人にはとにかくおすすめで

す。普通の人が運転しても、MR－Sが持つファントゥドライブな部分は伝わってきます。運転技量のある人が乗ると、さらにその楽しみが倍増するのです。

もちろん、高級外国車のスポーツカーと比較したら、絶対的なスペックや性能は劣ります。しかし、新車当時の価格ですら、スポーツカーとしてのコストパフォーマンスを考えると、たいへん優れたクルマだったのです。それが、いまや50万円以下で手中に収まるのですから、その魅力は言わずもがなですね。

エンジンは直4の1・8リッターの1種で、最高出力140ps／6400rpm、最大トルク17・4kgm／4400rpm。組み合わされるトランスミッションは5速MTもしくは5速セミAT。

ボディカラーも国産車ではちょっとお目にかかれない種類が用意されています。あえて変わったカラーを選ぶというのも面白いのではないでしょうか。

ちなみに、50万円以下で買える「2シーターのオープンカー」でいえば、ローバーのMG－Fやアルファ・ロメオのスパイダーも魅力的ですね。

MG－Fは、ライトウェイトスポーツカーの歴史にその名を刻むイギリスのMGの現代

●ローバー／MG - F

●アルファ・ロメオ／スパイダー

版として、1995年に登場し、2000年まで生産されました。直4の1・8リッターのエンジンをミドシップにレイアウトしたクルマです。

この手のクルマにしてはトランクスペースが広め（ゴルフバッグが積める）にとられているのも特徴的でした。

アルファ・ロメオのスパイダーは、ここでは2代目のモデルを指し、1995年から2006年にかけて販売されていました。スタイリングはピニンファリーナが担当し、いまみてもその形は個性あふれるものです。

ただし、中古車市場ではまだそれなりの価格で、MR－SやMG－Fと比べると、50万円以下で買えるものを探すのはたいへんです。

日常で使えるスポーツカー

これから紹介する3台のクルマは自動車の分類上、厳密には「スポーツカー」ではありません。「スポーツカーテイスト」のクルマです。

●BMW／3シリーズ・コンパクト

近年スポーツカーの人気に陰りがみられますが、クルマに「スポーティ」を求める方はまだまだいらっしゃいます。「50万円以下の中古車」とて同じこと。

まずは、BMWの3シリーズコンパクトです。ここで紹介するのは、1995年～2001年のモデルです。

3シリーズコンパクトは、セダンよりも後部を23ミリ短くした3ドアのハッチバックタイプのクルマです。

後部座席が分割可倒式のため、ユーティリティー性の高いクルマでもあります。

また、この車格にしては希有なフロントエンジン／リアドライブのレイアウトを採用しているのも大きな特徴です。

技術的な部分をつっこんでいくとどんどん専門的な話になってしまうので省略しますが、〝コンパクト〟でありながら、ちゃんとBMWらしいスポーティな走りを実現しているクルマです。

BMWに乗られたことがない方は、まずは50万円でBMWがいうところの〝駆けぬける歓び〟を体感してみてはいかがでしょうか。

3シリーズコンパクトと同様に、アルファ・ロメオの147も実用的な〝スポーティカー〟だと思います。

こちらも50万円以下で買えるのは先代のモデルです。デビューは2001年で、その年に「ヨーロッパ・カー・オブ・ザ・イヤー」を、日本でも2002年に「インポート・カー・オブ・ザ・イヤー」を受賞しています。

ボディタイプは3ドアもしくは5ドアのハッチバックです。とても人気が高くよく売れたクルマなので、中古車市場でもタマ数は豊富です。

ただし50万円以下となると、ほとんどが3ドアのモデル。なかには激安のモデルもあり

●アルファ・ロメオ／147

ます。それはトランスミッションがセレスピード（5速のセミAT）のモデルです。

これにはわけがあって、初期のセレスピードのモデルはトラブルが多く、運転にちょっとしたコツが必要だったからです。

当時、私がよく直面したトラブルは渋滞時のエンストです。

ひどい渋滞で止まったときに、エンストする傾向にありました。これを回避するには、渋滞中にクルマが止まったら、すかさずニュートラルに入れて対応しなければいけませんでした。

もちろん、後にこうしたトラブルは改善されましたが、初期のモデルには改善されていないものもあるので、安すぎるものは注意が必要です。

エンジンは2・0リッター直4のツインスパークです。吹けあがりがよく、気持ちよく回るエンジンです。

ドライバーを高揚させる〝さすがアルファ〟といったクルマです。

コラム

新車で50万円以下?

序章で「アルト47万円」という昔話を少ししましたが、現在、日本で新車価格が50万円を切るものはありません。

ダイハツのエッセ、スズキのアルトといった軽自動車が70万円台で、このあたりが最安値でしょう。

しかし近頃は新車の低価格化競争が激しくなりつつあるようです。

乗用車では、先だって100万円を切った日産のマーチが登場しました。これはマーチの特別仕様車です。「コレット♯」という名で、正確に言うと99万7500円。オーディ

スズキ／アルト

オを標準装備にしないなど、さまざまな装備の変更で、ベーシックモデルより約20万円も安くしたのです。

同じく日産は、小型車の価格を軽自動車の価格（90万円前後）に対抗できるような設定にした戦略的なクルマを発売していく方針を発表しています。

低価格車といえば、最近の一番のトピックスはインドのタタです。

インドの自動車メーカーであるタタ・モーターズが、タタ・ナノという新車に10万ルピーという値札をつけました。

10万ルピーは日本円にして約20万円です。

この価格設定は、既存の新車の価格帯の観念

タタ／ナノ

を打ち破るものです。

２００９年の３月から受注がはじまり、あっというまに20万件のオーダーがあったと報道されています。初期生産分は10万台と数が決まっているため、抽選ということになっているようです。

おもしろいのは、広報発表によると注文者のうち7割が「ローン払い」とのこと。何回払いといった詳しいことはわかりませんが、20万円を36回払いにしたら、月々の支払いは約５０００円です。

もはやこれは自動車ではなく、ちょっと高い家電製品的な感覚です。環境問題による自動車の変革もさることながら、経済観念的にも自動車という存在はあきらかに新時代へと突入しています。

インドのタタはあまりにも突出した話題ですが、世界的にみればタタとまではいかないまでも、格安の新車はいろいろとあります。

たとえば、英国で販売されているトヨタのアイゴという小型車は１００万円を切るという戦略的な値段がつけられています。

東ヨーロッパで人気の高いシュコダ社のファビアというクルマは、ベースがフォルクスワーゲンのポロで、もちろんポロとは仕様、装備等さまざまな違いがあるにせよ、ポロよりもずいぶんと安い価格で販売されています。

メキシコでは「ＴＳＵＲＵ（ツル）」という名で日産の3代目サニーが生産されており、80万円前後のプライスタグがついています。

またお隣の韓国では、現代自動車が４００～５００万ウォン、日本円にして60万円前後の小型車を、アジアを中心に投入していくとの話もあります。

本書では中古車をターゲットとして「50万円以下で買いなさい！」と謳っていますが、近い将来、同じ台詞を新車に対しても使うようになるのでしょうか!?

5章

「50万円以下のクルマ」の買い方、50の掟

中古車屋さんで実車を選ぶ（見る）際に
失敗しないための虎の巻です。
全部で50項目あります。
すべて覚える必要はありません。
3分の1くらいがぼんやりと
頭の中に残っていれば、
「50万円以下の中古車」を買うときに
きっと役に立ちます。

「50万円以下」限定の掟

職業柄、私は雑誌などで「中古車の選び方」といった企画で取材されたり、原稿を書いたりする機会が数多くあります。そういう場合は、できるだけ多くのクルマにあてはまる事柄を伝えようと努めています。最大公約数をとるのです。また、エクステリアの話から始まって、インテリア、エンジンやトランスミッションの話などをして、タイヤやサスペンションと、だいたい流れは決まっています。

しかし、今回はあえていつもの王道パターンから逸脱しようと思います。

ここでは50の掟を重要度順に並べました。もちろん、私見です。

中古車のチェック項目というのは、100個でも200個でも、いくらでも挙げられます。けれども、細かくチェックすればいいというものでもないのです。中古車ですから、やはりどこか目をつぶる、妥協するということをしなければいけません（新車ですら妥協点はありますよね?）。

正直、プロの私でも判断に迷うことがあります。しかし、これだけは外せない、これだけはどうしても譲れないポイントがあります。ときには、重箱の隅をつつくような項目も入っていますが、今回に関しては「50万円以下」ということに、とにかくこだわってチェック項目（掟）を挙げました。何度も申しあげますが、中古車は個体差があります。ご一読いただいたあとで、読者のみなさまが欲しいと思うクルマと照らし合わせてみて、重要度の順位は各自で上げ下げして、使いこなしていただければ幸いです。

1　走行距離が長いクルマを恐れるな

冒頭でも記したように、50万円以下のクルマ選びをするうえでは、既存の「中古車観」を捨てたほうがいいのです。その代表格として挙げられるのが「走行距離」。高年式で何百万も出すよう中古車の場合は当然、走行距離の短さはほぼその状態の善し悪しと比例します。しかし、50万円以下の中古車に限っては、距離の長短は関係ないのです。現在、中古車業界でも走行距離の長いクルマが見直されています。以前はどんな状態のクルマだろうが、どんな状況で使われていたクルマだろうが、走行距離が長いというそれだけの理由で、一律に査定額が決まってしまうようなところがありました。

ところが、最近では素性のはっきりしたクルマは、必要なメンテナンスを施せば、ろくなメンテナンスもされていない中途半端な中古車よりも、価値があるという考え方が出てきているのです。特に新車時の値段が高額だったものは、もとがいいだけにメンテナンスのしがいがあるのです。

2 マフラーのさびは要注意

年数を経たクルマならば、マフラーのさびはある程度は仕方ありません。けれども、そのさびの状態をよく観察してください。さびでいまにも穴があきそうなマフラーは要注意です。マフラーに穴があいたら、車検は通りません（パワーが落ちますし、燃費も悪くなります）。マフラー交換は簡単な作業で、工賃も安いのですが、マフラー自体の値段はけっこうします。車種によって値段は異なりますが、特に輸入車のマフラーは驚くほど高いのです。

3 AT車にとってATの状態は命

ATのシフトショックが大きいクルマは、まず選択肢から除外。シフトショックは大きな故障をする前兆であり、対症療法では完治しません。きちんと修理をするには、大金がかかるケースがほとんどです。特に輸入車でこの症状が出ているものは、どんなにほかの機関類の程度がよくても、避けるべきです。

4 バッテリー交換をあなどるな

バッテリー交換を定期的に行っているクルマは、まず間違いなく電子機器の状態がよいと思って構いません。バッテリーが切れてから交換するのではなく、定期点検のときにきちんと交換しているようなクルマは、それだけで大きな安心材料のひとつです。ときとして中古車屋さんでは、購入時のサービスとして、バッテリー交換をしてくれることがあります。とてもお得なサービスですね。ただし中古車はバッテリーを新品にして納車すると、初期クレームの5割を軽減できるともいわれています。それだけバッテリーの効果が絶大なのです。

5 地方のクルマを狙え

車検証を見て、登録の所在地が地方であればそれは狙い目です。前述の走行距離とも関係してくる話ですが、ストップ&ゴーの多い都市部と、信号が少ない郊外ばかりを走っているクルマとでは、自ずとクルマの状態に差が出ます。たとえ10万キロ走ったクルマでも、「北海道・ワンオーナー」といった履歴のクルマはお宝です。

6 整備歴をチェック

前オーナーがきちんとした人であれば、整備記録を残しています。大きな事故による修理や補修歴は問題外です。マメに定期点検（6か月、12か月点検など）に出していた形跡が残っているクルマは、総じて状態が良好と判断してよいでしょう。クルマというのは壊れてから直すよりも、壊れる前に対処しているほうが、いい状態を長く保てるからです。

7 シートのヤレ具合に注意

シートのクッションがへたっていたり、カバーの布や革がヤレていたりするクルマは、機関類、電気系統なども同様にくたびれていることが多い。ボディがピカピカに見えようと、エンジンの調子がよさそうに感じようとも、避けたほうが無難な中古車です。

8 内装がキレイなクルマは買い

シートの話と少し重複しますが、内装のキレイなクルマはそれだけで〝買い〟といっても過言ではありません。もちろん、掃除してあるという意味でのキレイさは当然として、10年落ち、10万キロ近く走行しているクルマなのに、インテリアがこざっぱりと清潔な印象を覚えるものは、クルマ全体の状態のよさを表しています。インテリアはそれまでのオーナーのクルマの扱い方を如実に物語っているからです。もっというなら、どんなに調子のいいクルマを買っても、内装に好印象を持てないクルマはすぐにイヤになってしまいます。

9 グレードの低いほうを選ぶ

年式、走行距離がほぼ同じだけれども、グレードの違いで値段に差のある中古車というのがあります。こういうケースでは、グレードの低いほうを選びましょう。ついつい、いろいろな装備がついているグレードの高いモデルを選んでしまいがちです。数万円くらいの差であれば、お得に感じてしまうからです。しかし、これが曲者。装備が多いということは、それだけ壊れる箇所が増えるということです。購入後の出費を抑えるのも「50万円以下の中古車」を買うときのコツです。わかりやすい例を挙げると、サンルーフ。サンルーフはなくても困らない装備です。でもサンルーフが壊れれば、雨漏りなどして、やはり修理しなくてはいけなくなるのです。

10 振動は御法度

エンジンの不調、マウントのへたり、トランスミッション、ブレーキの不良、ボディ剛性の低下など、さまざま要因によって起こる振動は致命的。もちろん、これらの原因を取り除くこともできますが、それにはお金と時間がかかります。とにかく、「音」と「振動」がする中古車は避けるように心がけてください。

11 ステアリングの〝てかり〟は要注意

ステアリングがテカテカと光っていたり、くたびれていたりするクルマは、選ばないほうが安全です。それはつまり、ステアリングをよく回しているという証だからです。たとえ走行距離が短くても、年式が新しくても、特にFF車ではパワーステアリング系に過度な負担がかかっていることが推測されます。当然、パワーステアリング系の修理代は高くつきます。

12 外観がシャープなものを選べ

パッと見の印象が〝締まって〟見えるクルマが、いいクルマです。極端に言うと「小さく」見えるクルマです。こういう状態を私たちは「シャープ」と呼びます。始めはよくわからないかもしれませんが、何台か見比べていると、この「シャープ」の意味がぼんやりとご理解いただけると思います。塗装していたり、板金していたりするようなクルマは、ぼてっと大きく見えるものです。

13 法人登録のクルマはおすすめ

法人登録のクルマは狙い目です。走行距離が法人登録の10万キロと、個人の10万キロとでは意味が違います。法人登録は定期点検にきちんと出されています。場合によってはプロの運転手が丁寧に扱ってきたという可能性もあるからです。ただし、バンやワゴンといった商用車は不特定多数の人が運転し、かつとことんまで使い倒されているケースが多いので気をつけましょう。

14 スイッチ類のアイコンを凝視

ワイパーとか、エアコンとかのスイッチ類は、その機能を表すアイコンが印刷されていますね。その印刷された部分のすり減り具合を確かめてください。ボディをはじめとしたクルマの各箇所を補修したり、キレイに見せたりするのはたやすいのですが、こういった部分まで手を入れることはまずあり得ません。あまりにもすり減っているようだったら、相当酷使されてきたクルマということになります。

15 パワーウィンドウの開け閉めを行う

パワーウィンドウの修理代は思いのほか高くつくことがあります。せっかく50万円以下で買ったのに、その10パーセントくらいの修理代がかかってしまっては、もともこもありませんね。トラブルを抱えているかどうかのテストの仕方はいたって簡単です。4つパワーウィンドウがあれば、4つ同時に上げ下げをしてみましょう。頻繁に使われたであろう運転席の窓の動きだけが、妙に遅かったりすれば、それはたとえばモーターが弱っている可能性が考えられます。動きの遅さだけでなく、ガタつきなども気にかけていてください。また、こういった症状は、直してから納車してほしいと注文したり、値引きの交渉材料にも使えたりします。

16 エンジンは〝2回〟かける

いろんな事情で試乗をするのが難しいケースもあります。そういう場合でも、「エンジンをかける」くらいのことは必ずやりましょう。その際、エンジンが冷えている状態で1回、あたたまった状態でもう1回かけるようにしましょう。どちらかの状態でかかりが悪いとなれば、問題を抱えているクルマです。完調のクルマはどちらの状態でも、すぐにエンジンはかかります。

17 エンジンをかけたら耳をすます

エンジンをかけたのち、アイドリングが安定してきたら、エンジン音に耳をすませましょう。カラカラという乾いた音や、不規則な音が聞こえてきたら、それは調子の悪いエンジンです。個体差はありますが、そのエンジンの寿命は短いはずです。

18 ドアの閉まりがよいものを選ぶ

年式の古いクルマや長く乗られたクルマの運転席のドアは、どうしてもくたびれてしまいます。しかし、それもオーナーの扱い方ひとつで〝ヤレ〟具合は変わってきます。ドアを開けたときに、ガクッと落ちるのは論外、閉めるときも窮屈な感じで閉まるものは、あまりいい状態とはいえません。また、リアの一枚だけが閉まりが悪いといった場合は、単にドアがくたびれているというだけではなく、大きな事故をしたなどの問題を抱えている可能性があります。

19 前輪側の下回りを覗くこと

今や市場に出回っているクルマのほとんどがＦＦ車です。ＦＦ車の故障のひとつにドライブシャフトのトラブルが挙げられます。下から覗いて油で汚れているようなクルマは、そう遠くないうちに修理が必要になるでしょう。

20 ボンネットはとにかく開けてみる

メカに詳しい人でなければ、ボンネットを開けてみても、よくわからないかもしれません。しかし、そういった人でも判断材料はあります。まず、ボンネットの開き具合。ギシギシと開きの悪いものはＮＧです。また、ぱっと見でエンジンルームがあまりにも汚いものは、おすすめしません。このふたつを見極めるだけでも、ボンネットを開ける価値は大いにあると思います。

21 ボンネットを開けたらブレーキフルードを確認

これはある程度、クルマの知識を必要とするものですが、ボンネットを開けたら、ブレーキフルードの色をチェックしてみましょう。フルードの色が茶色の場合は、フルードを長い間交換していない、つまりは整備に出していない証拠です。透明だったらＯＫです。

22 ボンネットを開けたらクーラントも確認

クーラントの色もチェックしておきましょう。黒っぽくなっている、明らかに汚れている場合は、交換が必要な状態です。

23 ボンネットを開けたらホースも確認

エンジンルーム内のホース類を観察してみてください。白く粉を吹いていたり、しなびていたりする場合は、交換のタイミングが迫っています。

24 エアコンのガスを軽視しない

エアコンのトラブルでよく聞くのが、「あっ、これはいま、ちょっとガスが抜けてるだけなんで、補充したらだいじょうぶです」なんて言われるケースです。ここで「なんだ、足せばいいのか」と思ってしまっては駄目です。これはガスが漏れるということで、たびたび補充しなくてはいけなくなるのです。しっかりと直すには、かなりお金がかかることもあるので、要注意です。

25 車内のニオイは消せない

私の経験上、変なニオイのするクルマにいいクルマはありません。車内に乗り込んだときに不快なニオイがしたら、そのクルマはやめるべきです。不快の度合いは個人差があるでしょうが、その人にとって多少でも〝不快〟があるならば、おすすめしません。なぜなら、そういうニオイはなかなか除去することができないからです。消臭する方法はいろいろありますが、染みついたニオイを完全に取り除くこと、取り除いた状態を継続させることは、至難の業です。

26 ホイールのキレイなクルマを選ぶ

雑に扱われたクルマの特徴のひとつとして、ホイールが傷だらけになっているということが挙げられます。小傷には目をつぶるとしても、深くえぐれているような傷があるホイールは要注意です。足回りに不具合が起きている可能性があります。

27 タイヤは前後を見比べる

前後のタイヤが同じ状態かどうかを調べてみましょう。場合によっては、前後で違うメーカーのタイヤを履いていたりするクルマがあります。FF車の場合は当然、前輪のタイヤのほうが先に減っていきます。だから前輪だけ交換するという人が増えているようですが、これはクルマにはいいことではありません。タイヤをローテーションして使っている、もしくは4輪ともきちんと交換している、そういったオーナーのクルマを選ぶほうが得策です。

28 前後左右の高さが揃っているか

比較的新しいクルマではあまり見かけませんが、古くなったクルマでは、前後で車高が極端に違う、左右で微妙に車高の違うクルマを見かけることがあります。長年、重たい荷物をトランクに入れて走っていたクルマはどうしても、リアが下がってしまいます。また、サスペンション等のトラブルで、片側だけ車高が下がってしまったりするケースがあるのです。見ただけでわからない場合は、タイヤとフェンダーの間に指を入れて実際に測ってみるのも手です。

29 ボディの色は均一か

バンパーはこすったり、ぶつけたりで、板金や塗装を施すことはよくあるでしょう。だから「バンパーの色とほかのボディパネルとの色が違う！」などと、目くじらを立てる必要はありません。ただし、クルマの側面とボンネットの色味が微妙に違うというのは考えものです。また、バンパーは気にする必要はありませんといいましたが、シビアな見方をすると、バンパーとほかのボディパネルの色が違って見えるような補修の仕方をしているということは、修理の費用をケチったか、腕のよくないところに修理を依頼した可能性があります。

30 タイヤがピカピカは警戒

タイヤだけが不自然にピカピカと輝いているクルマは、少し警戒が必要かもしれません。ポリッシュ材などを使用して、安易にタイヤだけきれいに見せているような中古車は、一概には言えませんが、見かけほどは程度のよくない中古車の可能性があります。私はこういうのを「厚化粧」と呼んでいます。過度によく見せようとしているのは、よくない兆候のひとつです。クルマのボディにも同じようなことが言えます。内装はくたびれているのに、ボディだけが輝いているのは、やはり不自然です。

31 新しい中古車屋を狙え

長年、中古車屋業を営んでいるお店で、「50万円以下の中古車」を買うのもいいでしょう。「実績」という安心感があり、アフターメンテナンスが行き届いているなどの利点があるからです。しかし、本書ではあえて、正反対の主張をしたいと思います。「できたばかりの中古車屋で買いましょう」ということです。特に「クルマが大好き」で開業したというようなオーナーのお店は、とにかくいい状態のクルマが揃っている確率が高いです。誤解を恐れずにいうと、まだ商売に染まっていないので、お買い得感の高い品揃えをしているのです。

32 地方の小さい中古車屋にお宝が

最近の東京ではあまり見かけなくなりましたが、町の外れなどに中古車を2、3台だけ置いていて、整備工場などを兼ねているようなお店は穴場です。地方ではまだまだそういうお店を見かけます。この手のお店は、限られたネットワークのなかで素性のはっきりしたクルマだけを仕入れます。それこそ知り合いレベルで仕入れていたりします。さらに整備士でもある店主が、時間をかけてこつこつと整備していたりするのです。店構えは地味でも、安心して乗っていられる中古車を置いています。

33 改造車は選ばない

ローダウン、社外ホイールなどのカスタムされているクルマは、査定が低くなります。査定が低いのにはそれなりの理由があって、たとえばクルマの傷みが激しいなど、やはり何かしら問題のある可能性が高いのです。

34 変わった色をあえて選ぶ

不人気色、変わったボディカラーのクルマを選ぶというのも賢い買い方のひとつです。同グレード、同年式、走行距離がほとんど同じでも、片や人気色、片や人気のない色となれば、人気のない色はそれだけで、数万円値段が下がっていたり、交渉によって下がったりすることがあります。

35 排気量にまさるチューニングはなし

クルマはご存知のように、同じ車種でも排気量違いのモデルが存在します。新車では基本は排気量の大きいほうが値段は高くなっています。中古車も同様です。このとき、排気量を大きいほうを選ぶか、小さいほうを選ぶかの選択は非常に難しいものです。一概には言い切れないのですが、私は「排気量にまさるチューニングはなし」という考えをもっています。予算が許すならば、排気量の大きいほうを選んでほしいと思っています。特に欧州車では排気量の違いは乗り味に大きく影響します。具体的にいうと、運転しやすい、乗り心地がいいなどの利点があるのです。

36 リミテッドエディションは警戒

「リミテッドエディション」とか「限定車」とかという謳い文句のついているクルマは、よく吟味してから買いましょう。こういったクルマはさまざまなオプションがついていたり、特別仕様になっていたりして、一見お得なような気がします。しかし、何度もお伝えしているように「余計なもの＝壊れる箇所が増える」という図式があります。新車時はたしかにお買い得ですが、「50万円以下の中古車」ではその価値は半減するかもしれません。

37 鍵は純正、合い鍵もあること

純正の鍵であるのは当然のこと、合い鍵もちゃんとあるかどうかを確認しましょう。これは意外と忘れがちで、いざ納車というときになって、鍵が1本しかないとわかってもあとの祭り。合い鍵の必要性はもちろんのこと、大切にされてきたクルマだったら、合い鍵もちゃんと保管され残っているものなのです。

38 メーター類の表示をチェック

メーター類や各種の表示類がきちんと作動し、正確に表示されているかを確認してください。普通の運転には差し支えはないけれども、警告灯がつきっぱなしになっているといったケースがあります。きちんと整備されてきたクルマであれば、かならずそういったささいなトラブルも解決してあるものです。

39 ウィンドウウォッシャー液を出してワイパーを確認

ウィンドウウォッシャー液を出してみて、ワイパーの調子や、ワイパーのゴムの劣化具合などを確認しましょう。ただし、ウィンドウウォッシャー液が入っていないこともあるので、お店の人に確認してから行ってください。

40 何台も同じクルマを見る

欲しいクルマが明確に決まっているならば、いろいろなお店でその欲しいクルマを見てまわりましょう。クルマに詳しくない方でも、同じクルマを何台も見てまわると、程度の善し悪しに気がつくはずです。

41 車検を軽視しないこと

車検切れのクルマというのは、驚くほど値段が安くなっています。当たり前の話ですが、車検が残っていれば、買い替えのサイクルにもよりますが、購入後の維持費がそれだけ安くすみます。

42 足もとのマットをはがしてみる

足もとのマットをはがしてみると、妙に汚れていることがあります。食べこぼしやシミがあれば、あまり程度のいいクルマとはいえません。

43 蜘蛛の巣は危険

エンジンルームに蜘蛛の巣がはっているようなクルマは絶対にNGです。見た目がキレイ、でもずっと動かされていないクルマにありがちです。クモの巣が張ってしまうほど長期間、放置されていたクルマは避けたほうが無難です。

44 ウィンカーの節度

ウィンカーを作動させたときに、レバーがかちっと節度をもって動かないクルマは要注意です。ウィンカー自体も問題ですが、ほかの装置も同様にくたびれている可能性があります。

45 外国車から探してみる

これはある種の暴論ですが、「50万円以下の中古車」探しはまず外国車から入ってみてはいかがでしょうか。ひと昔前までは、外国車というだけで意味もなく高値がつけられていることもありましたが、いまでは適正価格ですし、場合によっては無意味に安いことがあるからです。掘り出し物に出会える確率も、外国車のほうが高いような気がします。

46 安心感は国産車で得る

クルマ生活を送るうえで、「ささいなトラブルもぜったいに許さない!」という方は、国産車から選ぶようにしてください。外国車よりはリスクが低くなります。

47 革シートがおすすめ

革シートは後からでも手入れができます。労を惜しまない方なら自分でもできます。汚れた、やれたファブリック素材は、素人には手に負えません。

48 サイドブレーキを引く

サイドブレーキを引いてみて、ストロークが長い（必要以上に上まであがる）ものは、整備不良のクルマです。

49 タイヤの角が丸いクルマは遠慮する

タイヤを見たときに角が丸くなっているようなクルマは、前オーナーがスピード狂か、乱暴な運転をしていた可能性が疑えます。

50　「あとでやります」は黄信号

整備不良の箇所が見つかった場合に、「あとでやっておきます」というお店はあまりおすすめできません。きちんと整備してからお客の前に並べるという姿勢をもったお店のほうが安心できます。

あとがき

１９９０年代にＢＭＷの５３３を手に入れました。20万円でした。若かったので、ＢＭＷに乗れることが、ことさら嬉しかったと記憶しています。ある日、マフラーに穴があきました。修理しようとしたら、パーツ代だけでクルマの購入金額より高いことが判明しました。当時、高級外国車のトラブルは、私にとって高い授業料となりました。

私の車歴のなかで「50万円以下の中古車」を列挙すると、外国車ではシトロエンＣＸ、ランチア・イプシロン、国産車ではスズキ・ジムニー、三菱・ギャランＦＴＯとなります。

昔も今も私は1年で最低５万キロはクルマを走らせます。仕事柄、自分のクルマばかり乗ってはいられませんが、それでも「マイカー」の走行距離は毎年かなりのものです。先に記した「50万円以下の中古車」たちも例外ではありません。私が所有した「50万円以下の中古車」たちは、立派にクルマとして機能してくれました。

もちろん故障するクルマもありました。けれども、「50万円以下の中古車」を買って損をしたと思った経験はただの一度もないのです。

中古車の相場は「10年」「10万キロ」が節目です。このふたつの数字はユーザーの心理にも大きくのしかかるようです。私はこれが不思議でなりません。なぜなら、「10年」「10万キロ」はひとつのハードルなのかもしれませんが、その一線を越えると「20年」「20万キロ」まで軽く行けるからです。クルマは十分にそこまで耐えうる工業製品です。クルマを長持ちさせることは、誰にでもできることです（詳しくは拙著『クルマを長持ちさせる7つの法則』をご覧下さい）。50万円以下で買った中古車を長く乗り続けられれば、「お財布」的なお得感だけではない、なんらかの価値が生まれてきます。その価値は「エコ」であるかもしれませんし、「ライフスタイル」と結びつくものかもしれません。

話題のハイブリッド車がクルマ社会の未来を担う大きな存在であるように、いま売られている「50万円以下の中古車」も、来たるべきクルマ社会を支えていく可能性を秘めた存在であることを、ご理解いただけたら幸いです。

最後になりましたが、企画・構成、編集、装丁、デザインではブエノのスタッフのみなさん、そして二玄社の別冊単行本編集部の鈴木真人さんにはたいへんお世話になりました。この本の制作に携わっていただいた方々と、最後まで本書につきあってくださったみなさまに、心から感謝します。ありがとうございました。

松本英雄

松本英雄

まつもと・ひでお

自動車テクノロジーライター

1966年東京都生まれ。

工業高校の自動車科で構造・整備などの実習を教える傍ら、自動車専門誌、ライフスタイル誌等で執筆活動を行う。

著書に『カー機能障害は治る』『通のツール箱』『クルマが長持ちする7つの習慣』『クルマニホン人』（すべて二玄社刊）がある。

クルマは50万円《まんえん》以下《いか》で買《か》いなさい!

初版発行　2009年6月30日
2刷発行　2011年9月10日

著　者　松本英雄
発行者　渡邊隆男
発行所　株式会社　二玄社
東京都文京区本駒込6-2-1
〒113-0021
電話　03-5395-0511
http://www.nigensha.co.jp/
構成　bueno
装丁　中野一弘
印刷　シナノ
製本　越後堂製本

ISBN978-4-544-40039-7 C0076